牛顿是谁：
牛顿物理 ①

[加拿大] 克里斯·费里 著/绘   那彬 译

中国少年儿童新闻出版总社
中国少年儿童出版社
北京

作者简介 ··

　　克里斯·费里，80 后，加拿大人。毕业于加拿大名校滑铁卢大学，取得数学物理学博士学位，研究方向为量子物理专业。读书期间，克里斯就在滑铁卢大学纳米技术研究所工作，毕业后先后在美国新墨西哥大学、澳大利亚悉尼大学和悉尼科技大学任教。至今，克里斯已经发表多篇有影响力的权威学术论文，多次代表所在学校参加国际学术会议并发表演讲，是当前越来越受人关注的量子物理学领域冉冉升起的学术新星。

　　同时，克里斯还是 4 个孩子的父亲，也是一名非常成功的少儿科普作家。2015 年 12 月，一张 Facebook（脸书）上的照片将克里斯·费里推向全球公众的视野。照片上，Facebook（脸书）创始人扎克伯格和妻子一起给刚出生没多久的女儿阅读克里斯·费里的一本物理绘本。这张照片共收获了全球上百万的赞，几万条留言和几万次的分享。这让克里斯·费里的书以及他自己都受到了前所未有的关注。

　　扎克伯格给女儿阅读的物理书，只是作者克里斯·费里的试水之作。2018 年，克里斯·费里开始专门为中国小朋友做物理科普。他与中国少年儿童新闻出版总社全面合作，为中国小朋友创作一套学习物理知识的绘本——"红袋鼠物理千千问"系列。

红袋鼠说："哎哟，一个苹果砸中了我的头——这就跟牛顿发现万有引力之前的情况一样。我一定要告诉克里斯博士，我也离自己的发现不远了。"

克里斯博士说："哈哈，恭喜你没被苹果砸伤。不过，牛顿可不是被苹果砸到头之后才发现万有引力的。那只是一个好玩的故事。"

红袋鼠好奇地问："那牛顿是怎么发现万有引力的呢？"

克里斯博士回答说："牛顿阅读了他之前伟大科学家们的著作，也理解了他们所做的工作，而后才有了自己的发现。所有科学家做研究都必须这么做。任何人做出伟大的发现都需要别人的帮助。"

红袋鼠说："就像你帮我一样，克里斯博士。"

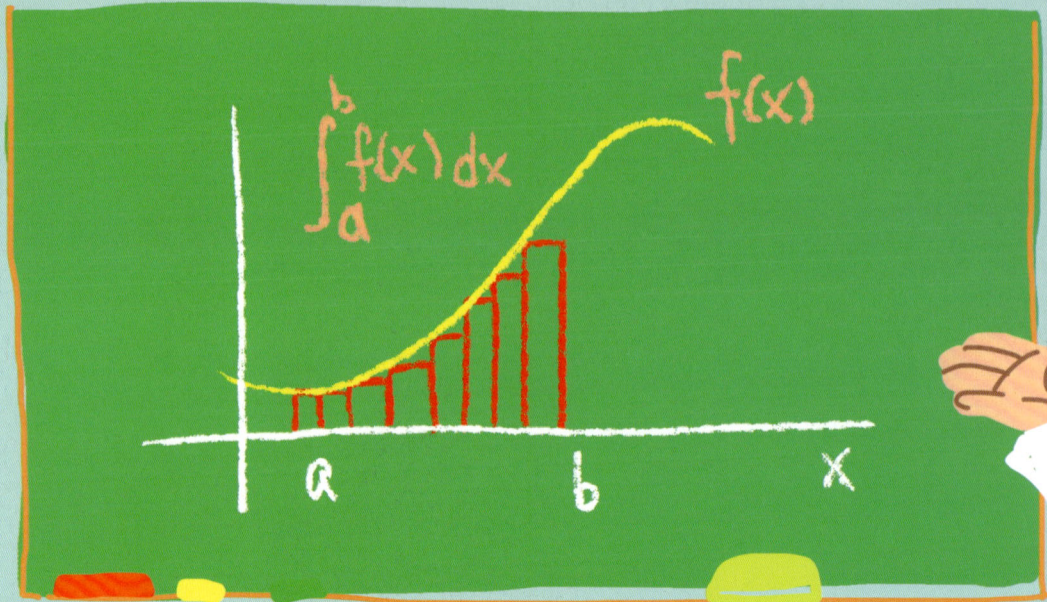

克里斯博士说："牛顿是一位伟大的科学家，除了万有引力，他还在数学上创造了许多新的概念，其中最重要的概念就是微积分。"

克里斯博士又说："不过要小心！就因为到底是谁发明了微积分这个问题，牛顿陷入了多场纷争。科学家和普通人一样，也有烦恼。"

红袋鼠点点头，说："了解一下科学的历史，就会觉得科学在什么时候都不会让人觉得无聊！"

11

克里斯博士说："牛顿在发明了微积分后，又解决了很多光学方面的难题。光学就是研究光的科学。太阳发出的光，我们称之为白光。牛顿发现，太阳光可分解成多种颜色，而当它们再汇聚在一起时又变成了白光。"

红袋鼠说："彩虹的原理就和牛顿的这个发现有关，您之前在《彩虹的颜色：光学》里就讲到过。"

克里斯博士说："牛顿还发明了第一架反射式望远镜，今天有人还在用这种望远镜。"

主镜　副镜　天体光线

观察点

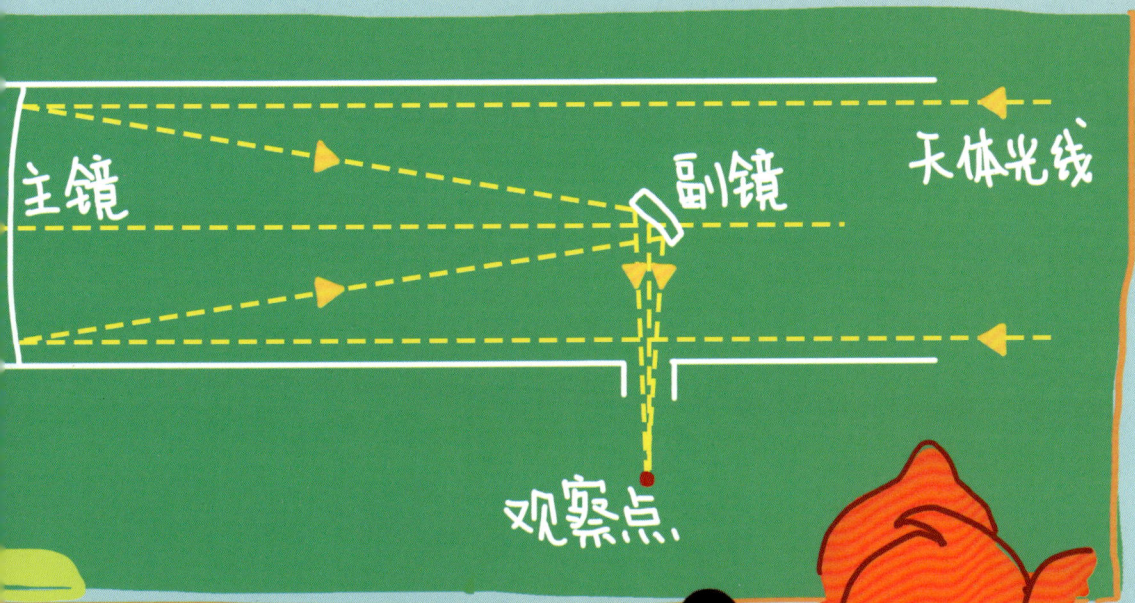

红袋鼠说："这种望远镜里用了镜子呀！"

15

红袋鼠感叹地说："这么说，牛顿不仅在数学上有新发现，在光学上也有新发明，太神了！"

克里斯博士说："还不止呢！你忘了刚才提到的最出名的万有引力啦！"

"在牛顿之前，人们无法解释恒星和行星的运动。而牛顿告诉我们，使苹果落下和让行星围着恒星转的力，是同一种力——万有引力。"

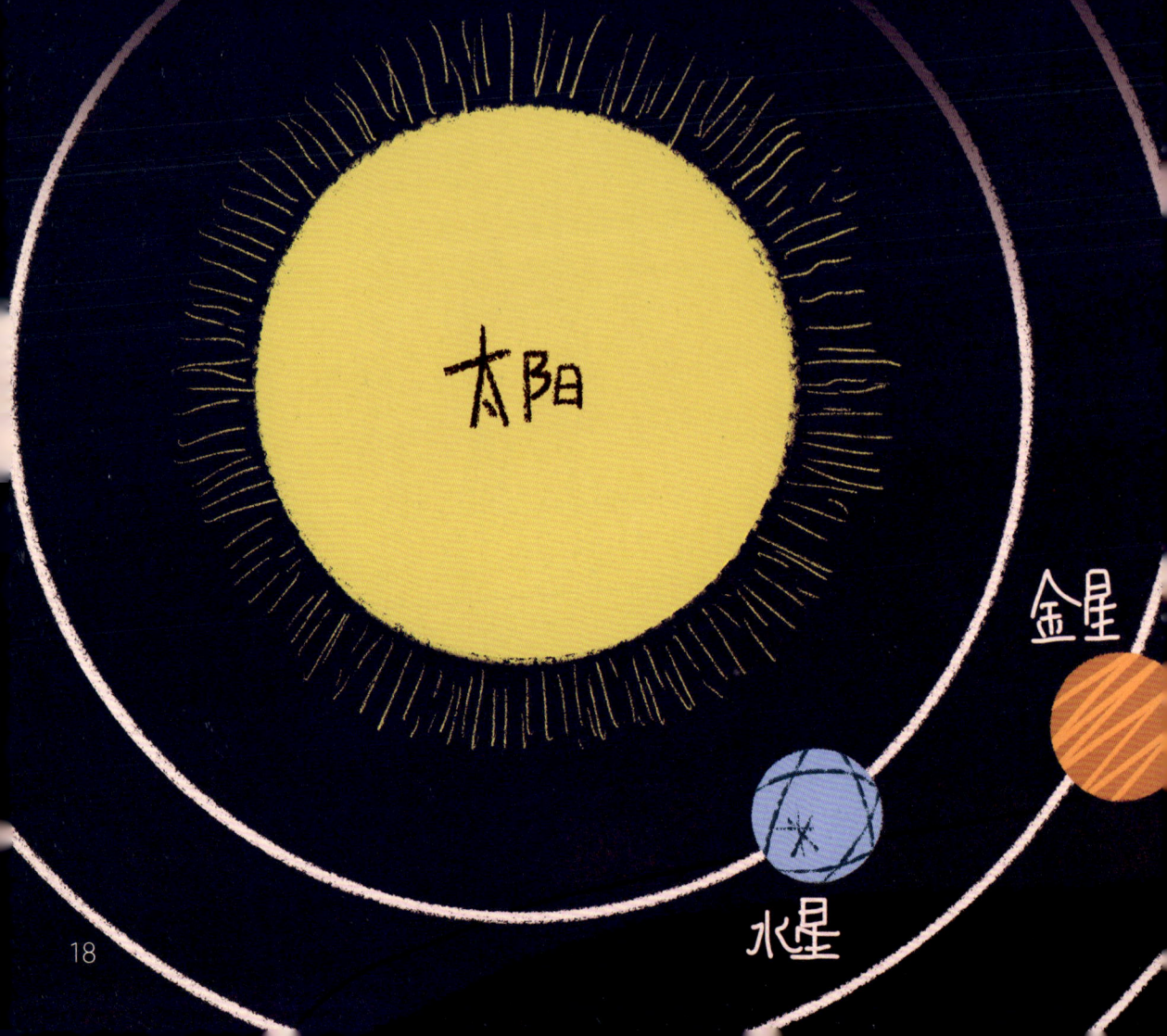

太阳

金星

水星

火星

海王星

土星

小行星带

地球

木星

天王星

$$m_2$$

$$F = G \frac{m_1 m_2}{r^2}$$

"牛顿用数学关系式表述万有引力定律。用这个关系式，他能解释行星甚至彗星的运动。"

"牛顿有关万有引力的理论直到今天都在被人们使用。这个关系式非常精确，人们在地球上用得上，到月球上遨游也用得上！"

微积分

牛顿三定律

色散

万有引力

反射式望远镜

红袋鼠说："啊，牛顿太神奇了！他怎么能有这么多伟大的发明发现呢？"

克里斯博士说："牛顿说'如果说我比别人看得更远的话，那是因为我站在巨人的肩膀上'，这些伟大的发明发现并不都是牛顿一人的功劳。他得到了许多人的帮助，所有的成就都建立在前人的成就基础之上。说不定你可以在牛顿成就的基础上做出自己的发明发现呢！"

红袋鼠说："苹果也许并没有启发牛顿，但它说不定会启发我！"

29

版权合作方： 澳大利亚米酷传媒

图书在版编目（CIP）数据

牛顿物理. 1，牛顿是谁 / （加）克里斯·费里著绘 ；
那彬译. — 北京 ：中国少年儿童出版社，2019.5
（红袋鼠物理千千问）
ISBN 978-7-5148-5360-5

Ⅰ. ①牛… Ⅱ. ①克… ②那… Ⅲ. ①物理学－儿童
读物 Ⅳ. ①04-49

中国版本图书馆CIP数据核字(2019)第051129号

审读专家：高淑梅 江南大学理学院教授，中心实验室主任

HONGDAISHU WULI QIANQIANWEN
NIUDUN SHI SHEI:NIUDUN WULI 1

出 版 发 行：中国少年儿童新闻出版总社
中国少年儿童出版社

出 版 人：孙 柱
执行出版人：张晓楠

策　　划：张　楠	审　　读：林 栋 聂 冰
责任编辑：徐懿如 郭晓博	封面设计：马 欣
美术编辑：马 欣	美术助理：杨 璇
责任印务：任钦丽	责任校对：颜 轩

社　　址：北京市朝阳区建国门外大街丙12号　　邮政编码：100022
总 编 室：010-57526071　　　　　　　　传　　真：010-57526075
客 服 部：010-57526258
网　　址：www.ccppg.cn　　　　电子邮箱：zbs@ccppg.com.cn

印　　刷：北京尚唐印刷包装有限公司

开本：787mm×1092mm　1/20　　　　　　　　印张：2
2019年5月北京第1版　　　　　　　　2019年5月北京第1次印刷
字数：25千字　　　　　　　　　　　　印数：10000册
ISBN 978-7-5148-5360-5　　　　　　　　定价：25.00元

图书若有印装问题，请随时向本社印务部（010-57526183）退换。